AF303402

Dieter Seppelt

Der eiserne Kollege

Die Entstehungsgeschichte einer besonderen Maschine

© 2023 Dieter Seppelt
Der eiserne Kollege
Quelle: Einige Textpassagen sind dem Buch „Die Mergenthaler" von
Wilhelm Bauder, Zentralstelle für deutsche Personen- und
Familiengeschichte, Leipzig 1939, entnommen worden.

Herstellung und Verlag:
BoD - Books on Demand, Norderstedt

ISBN-Nr. 9783757824655

Inhalt

Prolog . . . . .Seite 7

Kapitel 1 . . . . .Seite 11
Jugend und Lehrjahre

Kapitel 2 . . . . .Seite 17
Auswanderung

Kapitel 3 . . . . .Seite 21
Erste Versuche

Kapitel 4 . . . . .Seite 27
Die Stabsetz- und Gießmaschine

Kapitel 5 . . . . .Seite 35
Versuche, Verbesserungen, Fehlschläge

Kapitel 6 . . . . .Seite 39
Am Ziel

Kapitel 7 . . . . .Seite 51
Ruhm und Enttäuschungen

Epilog . . . . .Seite 64

Ottmar Mergenthaler 1912

Prolog

Johannes Gutenberg, Ottmar Mergenthaler und Konrad Zuse, diese drei Männer haben etwas gemeinsam: Sie haben mit ihren Erfindungen die Welt verändert. Allgemein bekannt ist uns sicherlich Johannes Gensfleisch, genannt Gutenberg. Der Einfachheit halber wird immer gesagt, er habe den Buchdruck erfunden, was nicht ganz korrekt ist, denn bereits im 9. Jahrhundert wurde der erste Druck in China mittels Holztafeldruck (auch Holzblockdruck) hergestellt. Jedes zu druckende Zeichen wurde dabei spiegelverkehrt in einen Holzblock geschnitten, indem man das Holz, das nicht mitdrucken sollte, entfernte.

Gutenbergs einfache, aber geniale Idee, die um 1450 soweit ausgereift war und die die Welt quasi auf den Kopf stellte, war folgende: Ein Text wurde in seine kleinsten Bestandteile, also in die 26 Buchstaben des lateinischen Alphabetes aufgelöst, von denen mittels

Gießformen die Lettern gegossen wurden. Diese Bleilettern wurden aus dem Setzkasten entnommen, zu einem Satz zusammengestellt, gedruckt und dann wieder für den nachfolgenden Druck in den Setzkasten zurücksortiert. Waren jahrhundertelang Texte vervielfältigt worden, indem sie vollständig abgeschrieben oder vollständig in Holz geschnitten wurden, so wurden jetzt nur die Buchstaben des Alphabets geschnitten und gegossen und standen dann für beliebige Texte immer wieder neu zur Verfügung.

Was für ein Quantensprung in der Herstellung eines Buches, das davor noch mit der Hand geschrieben und von Hand in Skriptorien (Schreibstuben) kopiert wurde. Ganz zu schweigen von den unzähligen neuen Berufen, die durch diese Erfindung entstanden sind: Abgesehen vom Drucker oder Setzer brauchte man den Schriftgießer, den Buchbinder, den Papierhersteller und noch viele mehr.

Mit dieser Erfindung hat die Menschheit auch über 500 Jahre, natürlich mit stetig technischen Verbesserungen, gearbeitet. Tausende von Büchern und Zeitungen sind damit entstanden, um nur diese beiden Druckprodukte zu nennen.

Am 12. Mai 1941 stellte ein Konrad Zuse seinen ersten funktionstüchtigen, vollautomatischen, programmgesteuerten und frei programmierbaren Rechner und somit den ersten funktionsfähigen Computer vor, und niemand auf der Welt hatte auch nur die kleinste Vorstellung, welche Folgen diese neue Erfindung unter anderem für den Schriftsetzer, genauer gesagt, für das ganze Druckgewerbe, nein - für unser ganzes Leben - einmal haben würde.

Aber welche Rolle spielte Ottmar Mergenthaler in diesem Trio? Von den stetigen Veränderungen und Verbesserungen der gutenbergischen Erfindung waren zum größten Teil die Druckmaschinen betroffen. Sie waren ab dem späten 18. Jahrhundert dampf- oder motorbetrieben und wurden immer schneller. Der Handsatz kam mit diesem Tempo nicht mehr mit, und der Ruf der Druckereibesitzer nach einer schnelleren Art der Satzherstellung wurde immer lauter. Schließlich wagte sich Ottmar Mergenthaler, ein deutscher Techniker in Amerika an dieses Problem heran und es gelang ihm, den Handsatz zu revolutionieren.

Wie aber konnte er Gutenbergs geniale Idee mit Einzellettern zu arbeiten noch verbessern und dadurch auch noch beschleunigen? Nun, Mergenthaler setzte nicht, wie Gutenberg, mit Einzellettern, sondern er setzte mit Gießformen, mit Matrizen, die Zeile für Zeile zusammengesetzt und dann erst noch ausgegossen werden mussten und damit eine ganze Zeile mit Lettern ergaben. Hier waren es nicht die Einzellettern, sondern die Matrizen, die immer wieder neu verwendet werden konnten. Diese wurden, wie auf der Schreibmaschine per Tastendruck zusammengesetzt, und von der Maschine wieder automatisch zurücksortiert. Somit entfiel auch das Ablegen der Buchstaben nach dem Druck, wie beim Handsatz üblich.

Gehen wir doch nun einmal zurück ins 19. bzw. 20. Jahrhundert, um Ottmar Mergenthaler näher kennen zu lernen, und zu erfahren, wie der „Eiserne Kollege", wie er später dann von den Setzern genannt wurde, entstanden ist.

1

Am 11. Mai 1854 wurde Ottmar Friedrich Mergenthaler in Hachtel, einem Stadtteil von Bad Mergentheim, im Main-Tauber-Kreis, im Nordosten Baden-Württembergs geboren. Leider war ihm nur eine Lebenszeit von 45 Jahren und fünf Monaten beschieden, denn am 28. Oktober 1899 ist er in Baltimore (USA) auf der Höhe seines Erfinderruhmes gestorben, so dass man sagen kann, dass das Zitat „Wen die Götter lieben, den lassen sie früh sterben" (Titus Maccius Plautus) auch für ihn angewendet werden konnte.

Am 25. Todestag Ottmars, am 28. Oktober 1924, wurde am Schulhaus in Hachtel eine Gedenktafel angebracht, und sein Geburtszimmer wurde als „Mergenthaler Gedenkzimmer" eingerichtet. Jedoch hatte Hachtel für Ottmars Entwicklung nicht die geringste Bedeutung gehabt. Schon im Herbst 1854, also noch im Geburtsjahr Ottmars, war sein Vater nach Neuhengstett (Kreis Calw) versetzt worden, wo er vier Jahre blieb, bis er im Sommer 1858 auf seinen Wunsch hin den Schuldienst in Ensingen antreten durfte.

In diesem kleinen, bei Vaihingen an der Enz gelegenen Dorfe hat der rotblonde Schulmeisterssohn seine Jugendjahre verlebt. Den ersten Schul- und Musikunterricht wusste der Vater, ein ruhiger und gutmütiger Mann, so zu gestalten, dass der Sohn ihn sein Leben lang in freudiger und dankbarer Erinnerung behielt.

Seine Mutter hatte Ottmar schon als fünfjähriger Junge im Herbst 1859 verloren. Sie war im Alter von erst 31 Jahren an den Folgen eines Kindbettes verstorben. Ottmar und seine Geschwister sind daraufhin von der Tante Wilhelmine Ackermann betreut worden, bis sie im Februar 1861 durch die zweite Heirat des Vaters mit der Schulmeisterstochter Caroline Hahl eine sorgsame und liebevolle Stiefmutter bekamen.

In dem bescheidenen Haushalt durften die Kinder nicht müßig sein. Ottmar musste Tag für Tag das Geschirr spülen und die Schweine füttern; im Winter hatte er das Brennholz herbeizuschaffen; im Sommer musste er sich im Garten betätigen. „Es war richtige Arbeit und kein Spiel,“ urteilte er später selbst, „aber ich tat als Knabe alles, was von mir verlangt wurde, weil ich daran gewöhnt war und meinte, es müsste so sein.“ Trotzdem fand er noch Zeit, seinen Liebhabereien nachzugehen: Mit dem Messer schnitzte er Tiere und „Springerlesmödel“ (Formen für ein traditionelles Gebäck). Überhaupt hantierte Ottmar sehr gewandt mit Werkzeugen und tüftelte an technischen Sachen herum, so dass man ihn den „Pfiffikus Märle“ nannte.

In Ermangelung von Maschinen, zu welchen er sich besonders hingezogen fühlte, machte er sich an die Wanduhren heran und schließlich, trotz des väterlichen Verbots, an die Kirchenuhr. Diese war alt und widerspenstig und der Uhrmachermeister hatte sich mehrfach erfolglos um sie bemüht. Der junge Ottmar nahm sie auseinander, reinigte, ölte sie und setzte sie wieder zusammen. Plötzlich ging und schlug sie wieder, zur größten Überraschung der biederen Dorfbewohner.

Ottmar fühlte einen starken Drang dazu, Maschinenbauer zu werden; aber der Vater konnte ihn nicht studieren lassen. Es war dem Vater schon schwer gefallen, Ottmar mit seinen älteren Geschwistern in die Realschule nach Vaihingen zu schicken und jedem täglich einen Kreuzer für die Blunze (Blutwurst) zu geben, welche das Mittagessen ersetzen musste. Nach dem Wunsch des Vaters sollte Ottmar auch Schulmeister werden, was am wenigsten gekostet hätte. Ottmar weigerte sich aber mit aller Entschiedenheit, diesen Beruf, an welchem er am Beispiel seines Vaters den überkargen Gehalt und die geringen Beförderungsaussichten bemängelte, zu ergreifen.

Der Vater und der Dorfpfarrer, welchem der begabte Junge natürlich auch aufgefallen war, hielten nun bei den handwerklichen Berufen eine leider wenig ermutigende Umschau nach einer Lehrstelle: Der Möbelschreiner behauptete, er werde durch die großen Fabriken ruiniert, aber der Zimmermann habe noch ein gesichertes Einkommen. Als man danach den Zimmermann fragte, prophezeite der seinem Beruf eine schlechte Zukunft; viel bessere Aussichten habe der Schlosser und der Schmied. Letztere bestritten dies und behaupteten, dem Mechaniker gehöre die Zukunft. Schließlich sah man ein, dass auf gut Glück derjenige Beruf gewählt werden musste, welcher der Veranlagung des Jungen am ehesten entsprach.

Und man fand folgenden Ausweg: Ottmars Stiefmutter hatte im nahen Bietigheim einen Bruder, den Uhrmachermeister Ludwig Hahl. Zu ihm wurde Ottmar im Mai 1868 in die Lehre gegeben. Diese sollte vier Jahre dauern. Es musste ein kleines Lehrgeld bezahlt werden, der Lehrling wurde aber bei freier Wohnung und Verköstigung in die Familie des Lehrherrn aufgenommen, welcher ihn wie seinen eigenen Sohn behandelte.

Ottmar musste zwar viel und lange arbeiten, konnte jedoch abends und sonntags die Gewerbeschule besuchen, wo er den ersten richtigen Physik- und Zeichenunterricht erhielt. Nach drei Jahren war er schon so gewandt und anstellig, dass ihm der Lehrherr den Gesellenlohn ausbezahlte, was vorher und nachher nie vorgekommen war, solange die Hahlsche Uhrmacherei bestand.

Wie wichtig für ihn die Lehrzeit gewesen war, hat Ottmar wohl erkannt und er schreibt darüber: „Durch den Uhrmacherberuf wurde ich vor allem zur Genauigkeit geführt. Ich lernte eine Feder bis zur äußersten Feinheit abhärten und Bestandteile von Metalllegierungen aufs feinste zusammenzustellen. Ich gewann die Sicherheit, feinste Zähne auszuschneiden, Stifte anzufertigen und Edelsteine mit ruhigem gleichmäßigem Druck zu bohren. Ich erkannte, dass, wenn eine Uhr genau gehen sollte, der Mechanismus als ein Ganzes betrachtet werden müsse. Jedes neu Hinzugefügte musste mit den anderen Teilen harmonieren um ein Ganzes zu bilden, das im Einzelnen vollkommen ist, und bei dem doch alles ineinandergreift.“

Trotz alledem aber war hier in Bietigheim dem aufgeweckten Jüngling die Welt zu klein. Innerlich blieb er unbefriedigt und strebte nach Größerem. Und tatsächlich: Frei nach dem Sprichwort „Das Glück ist mit dem Tüchtigen“ ergab sich schon bald nach seiner Lehre eine neue Chance für ihn.

2

Um 1872 verließen etwa 125.000 Menschen das Land, veranlaßt durch die Folgen des Deutsch-Französischen Krieges, der Errichtung des Kaiserreiches, des Kulturkampfes und die zweifelhaften Erfolge der Gründerzeit. Nahezu alle wandten sich nach Amerika, dem Land der unbegrenzten Möglichkeiten.

Auf dieser Welle bewegte sich auch der junge Ottmar. Am 26. Oktober 1872 landeten in Baltimore mit dem deutschen Dampfer „Berlin" 500 Zwischendeckpassagiere, welche in der Neuen Welt ihr Glück suchten. Darunter befand sich auch ein hübscher schlanker 18-Jähriger, mittelgroßer Jüngling (die Größe Ottmars wurde mit 167,5 cm angegeben) mit stillen blauen Augen, gut geformten Kopf und breiten Schultern. In einem Holzkoffer mit gewölbtem Deckel hatte er seine wenigen Habseligkeiten mitgebracht. Außerdem besaß er 30 Dollar und eine silberne Taschenuhr, die er während der Überfahrt täglich genau nach der Schiffsuhr eingestellt hatte. und somit sein Ziel mit exakt amerikanischer Ortszeit erreichte.

Es ging auch alles programmgemäß: Er fuhr nach Washington, wo August Hahl, der Sohn seines Lehrherrn, eine Werkstätte für elektrische Geräte und Messwerkzeuge, wie zum Beispiel Heliographen, Regen-, Schnee-, Windmesser und dergleichen betrieb. Dieser hatte das Reisegeld gesandt und hoffte, in Ottmar den tüchtigen Gehilfen zu finden, welchen er dringend brauchte.

Seine Hoffnung hatte sich erfüllt: Ottmar lebte sich rasch in die amerikanischen Verhältnisse und Arbeitsweisen ein. Durch eisernen Fleiß vermehrte er seine Kenntnisse, und bald hatte er den Ruf eines besonders geschickten Mechanikers erworben. Um ihn an sich zu binden, hatte Hahl ihn nach zwei Jahren zum Geschäftsführer und 1881 zum Teilhaber ernannt.

Ottmar konnte sich einem Freundeskreis junger Deutscher anschließen. Sie hatten zusammen gesungen und getrunken, auch regelmäßige Sonntagsausflüge gemacht und bei den zahlreichen deutschen Farmern eine gastliche Aufnahme gefunden. Ottmar war sonst zurückhaltend und schweigsam, aber in diesem Kreis taute er auf und wurde lustig. Er war kerngesund und behauptete einmal, er werde es mindestens auf 80 Jahre bringen.

Diese ersten Jahre, welche er in Washington und in Baltimore verlebte, (dahin war er 1875 zusammen mit seinem Chef August Hahl übergesiedelt), hat er als die glücklichsten seines Lebens bezeichnet. Sicherlich auch, weil Washington der Treffpunkt für Erfinder und Erfindungen im damaligen Amerika war.

In dieser Stadt musste man die Patente anmelden und die Modelle der Erfindungen vorlegen. Letztere wurden regelmäßig in Washington und vielfach in der Hahlschen Werkstatt hergestellt.

Ottmar war sonach am richtigen Platz. Er verstand es, die Gedanken eines Erfinders in ihrer wesentlichen Neuheit zu erfassen, technisch auszugestalten und sogar häufig zu verbessern. Dadurch war es ihm in jungen Jahren vergönnt, bei zahlreichen Erfindungen zur

praktischen und erfolgreichen Durchführung mitzu-
helfen. Auch seine eigene Kreativität und seine er-
finderische Begabung konnte sich schon in dieser frü-
hen amerikanischen Zeit entfalten. Viele der bei der
Fa. Hahl hergestellten Apparate waren die Erfindungen Ottmars, welcher am 17. März 1874, also im jungen Alter von nur 20 Jahren, sein erstes Patent erhalten
hatte.

Das aber war alles nichts im Vergleich zu der
Schwierigkeit der Aufgabe, vor die Ottmar bald gestellt
werden sollte und die seine ganze Intelligenz und
Schöpferkraft erforderte.

3

In dieser Zeit bestand im allgemeinen Druckgewerbe ein starkes Verlangen nach einer brauchbaren
Setzmaschine. Der Handsatz genügte nicht mehr. Die
Setztechnik sollte von der Geschwindigkeit her mit der
fortgeschrittenen Drucktechnik in Einklang gebracht
werden. Bereits 1817 hatte der deutsche Buchdrucker
Friedrich König eine Schnellpresse erfunden, welche

Koenigs Zylinderdruckmaschine („Doppelmaschine") 1841.

die rascheste Vervielfältigung der Druckvorlagen ermöglichte. Parallel dazu war es aber noch nicht gelungen, den seit den Zeiten Gutenbergs üblichen Handsatz (setzen der Buchstaben durch die Hand des Setzers) zu mechanisieren. In den USA hatten sich schon nahezu 200 Erfinder um eine Setzmaschine bemüht, über welche bis 1889 nicht weniger als 213, bis 1904 sogar 1520 Patente erteilt worden waren. Die Erfindung einer solchen Maschine hatte eine geradezu magische Anziehungskraft auf viele Erfinder ausgeübt.

Die Idee, eine Setzmaschine zu entwickeln, war also nicht etwa dem Kopf Ottmar Mergenthalers entsprungen, aber er war es, welcher den Gedanken in die geniale Tat umsetzte. Er hatte sich bis dahin mit der Satztechnik, überhaupt mit der Buchdruckerei, noch in keinster Weise beschäftigt.

Von selbst wäre er wohl nie darauf gekommen, seine großen Fähigkeiten auf diesem Gebiet zu betätigen, aber wie so oft im Leben großer Männer, hat auch bei ihm der Zufall eine außerordentlich bedeutsame Rolle gespielt. Am 17. August 1876 war aus Westvirginia ein

Mr. Charles Moore mit einer von ihm hergestellten Schreib-Setzmaschine in die Hahlsche Werkstätte gekommen, welche sich damals in Baltimore, Mercerstreet 13, befand. Anknüpfend an einen Gedanken, der schon 1864 von Pierre Flamm bearbeitet worden war, wollte er an Stelle des Handsatzes eine mit Lithographentinte auf Papier maschinengeschriebene Vorlage herstellen. Letztere sollte durch Umdruck auf einen Stein eine Flachdruckform ergeben und vom Stein vervielfältigt werden. Diesen Auftrag, die Arbeit von Mr. Charles Moore, welche an zahlreichen konstruktiven Mängeln litt, zu verbessern, hatte Ottmar dann ein Jahr später, im Sommer 1877 ausgeführt.

Die von ihm ausgearbeitete Umdruckmaschine lieferte einen klaren und scharfen Druck, aber ihr Arbeiten war nicht zuverlässig: Wenn der Stein die feineren Zeilen des Umbruchs nicht aufnahm, so ergaben sich weiße Lücken, oder aber der Stein nahm zu viel Tinte auf, dann entstanden störende Kleckse. Diese Schwierigkeiten der lithografischen Technik hinderten die zweckvolle Ausnutzung der Maschine, wie Ottmar klar erkannte und auch seinem Auftraggeber überzeugend darlegen konnte.

Der bedeutendste seiner Auftraggeber, Mr. James Clephane, hatte nun die Idee, von der Lithographie zur Stereotypie überzugehen. Er schlug vor, die Buchstaben in ein weiches Material, also in Papiermaschee einzuprägen und dieses mit Blei auszugießen. Damit knüpfte er an eine Entwicklung an, die schon 1844 und 1858 begonnen, 1866 von J. Pauling und 1872 von Merit Gally fortgesetzt worden war.

Nach genauer Durchprüfung hatte Ottmar die Aussichten dieses Prägesystems sehr gering eingeschätzt und schließlich jede Verantwortung abgelehnt. Aber Mr. Clephane war trotzdem sehr hoffnungsvoll und erwiderte: „Geben Sie mir die Prägemaschine und lassen Sie alles Übrige meine Sorge sein." Dieser Optimismus hat sich auf Ottmar übertragen, der durch großen Fleiß die gewünschte Maschine bis Ende 1878, also in anderthalb Jahren, fertigstellen konnte. Die Buchstaben und Worte wurden ganz deutlich und in gehörigem Abstand in die Pappmaschee eingeprägt,

24

aber das Ausgießen dieser weichen Gießform (Matrize) machte sehr große Schwierigkeiten, mit welchen sich Ottmar noch bis zum Herbst 1879 herumschlug. Er kam dem Erfolg sehr nahe, konnte ihn aber nicht erreichen und stellte schließlich die Arbeit ein.

Infolge der völligen Hoffnungslosigkeit mit welcher er die Prägemaschine beurteilte, hatte er seinen Anteil an der Gesellschaft seiner Auftraggeber ($^1/_{24}$ = 3 Aktien) im Sommer 1881 für 60 Dollar verkauft. Sein Chef Hahl erhielt für seinen gleich hohen Anteil einige Zeit später 900 Dollar. Zehn Jahre später wäre jeder Anteil mehrere hunderttausend Dollar wert gewesen!

Wenn auch alle bisherigen Versuche fehlgeschlagen waren, so konnte sich Ottmar trotzdem von dem Setzmaschinenproblem nicht loslösen. Er suchte die Ursachen der bisherigen Fehlschläge zu erkennen und bemühte sich, eine vollkommen neue Lösung zu finden. Dabei wurde ihm folgendes klar: An die Stelle der weichen Gießform aus Pappmaschee müsse eine feste Gießform aus Metall treten, ferner müsse mit der Gießform, nicht wie bisher, Buchstabe um Buchstabe sondern Zeile um Zeile hergestellt werden. Diese neuen Grundgedanken hatte er Ende 1879 in einer Zeichnung niedergelegt, welche er aber in ohnmächtiger Wut zerriss. Es war ihm unmöglich, auf eigene Rechnung mit neuen Versuchen zu beginnen; sein Geldbeutel war komplett leer. Er musste arbeiten, um seinen Lebensunterhalt zu verdienen und wollte demnächst auch einen eigenen Hausstand gründen.

Und er hatte, wie es sein Naturell war, tüchtig und erfolgreich gearbeitet, war er doch früh als Kind schon dazu erzogen worden..

Drei Jahre später, Ende 1882, hatte er als junger Ehemann finanziell so viel erarbeitet und erspart, dass er sich von der Fa. Hahl trennen und in Baltimore eine eigene mechanische Werkstatt aufmachen konnte.

4

Das Schicksal meinte es weiterhin gut mit Ottmar Mergenthaler: Es dauerte nicht lange, und seine alten Auftraggeber erschienen wieder bei ihm. Sie hatten in der Zwischenzeit mit großem Geldaufwand an der Prägemaschine weiter experimentieren lassen, mussten aber schließlich auch eingestehen, dass alles vergebens war. Anscheinend hatten sie ihre eigenen Mittel aufgebraucht. Aber Mr. Clephane war es gelungen, den angesehenen Rechtsanwalt Hine in Washington, einen charaktervollen und klugen Menschen, für diese Setzmaschine zu interessieren. Diesem gefielen die neuen Grundgedanken Ottmars, dem er Anfang Januar 1883 die nötigen Gelder zur Verfügung stellte, um mit weiteren Versuchen beginnen zu können.

Zunächst hatte Ottmar eine kleine Modellmaschine hergestellt, welche zwar „mit allen Fehlern knarrte", aber doch die Richtigkeit der neuen Gedanken bewies.

Bei der normalen Maschine, welche nun gebaut wurde, hatte Ottmar den kühnen Plan verfolgt, durch lange, mit eingeprägten Buchstaben und Zahlen versehene Messingstäbe die Gießformen bereitzustellen und die letzteren in der Maschine auszugießen, also zwei bisher getrennte Arbeitsvorgänge in einer Maschine zu vereinen. Dieser Plan gelang glänzend: Die erste (Stab-) Setz- und Gießmaschine war Ende 1883 fertig und konnte im Januar 1884 einem Kreis hervorragender Fachleute vorgeführt werden.

Es hatte alles vorzüglich geklappt: Auf der Tastatur wurde eine Zeile um die andere getippt; die Stäbe glitten ruhig und leise an ihren Sammelplatz; hier wurden sie festgehalten und ausgerichtet; eine Pumpe goss über sie das flüssige Blei; und dann kam schimmernd die gegossene line of types (Zeile aus Buchstaben) aus der Maschine, während die Stäbe an ihre alten Orte zurückkehrten. All dies hat für jede Zeile die verblüffend kurze Zeit von nur 15 Sekunden erfordert.

Bis Anfang 1885 hatte Ottmar eine zweite erheblich verbesserte Maschine mit selbsttätigem Ausschließer

Diese Stabsetz- und Gießmaschine der Fa. Typograph GmbH, Berlin, aus dem Jahr 1924, stellte druckfertige Zeilen her. Sie kam besonders in Schiffsdruckereien zum Einsatz; da sie auch bei schaukelnden Bewegungen zuverlässig arbeitete.

vollendet und im Chamberlain Hotel zu Washington vorgestellt, wo sie allgemein bewundert wurde. Zu Ehren Ottmars hatte in diesem Hotel im Februar 1885 ein Bankett stattgefunden, bei dem die Spitzen der Gesellschaft, der Wirtschaft und des Staates bis hinauf zum US-Präsidenten Chester Alan Arthur zugegen waren. Bei diesem Bankett hatte Ottmar eine Rede gehalten, welche Stolz und Freude des erst 31-Jährigen über seine Erfindung erkennen ließ:

„Als ich das Problem in Angriff nahm, habe ich das Arbeitsfeld genau geprüft und den besten Weg gesucht. Ich bemühte mich, die Abwege zu vermeiden, welche für meine Vorgänger verderblich gewesen sind. Wir gießen unsere Buchstaben selbst und brauchen uns nicht mit den Millionen von kleinen Lettern abzumühen, die den anderen die unüberwindlichen Schwierigkeiten bereitet haben. Auch müssen wir die Buchstaben nicht ablegen und haben trotzdem für jede Zeitungsausgabe eine neue Schrift - ein Vorteil der kaum überboten werden kann. Wenn nicht eine Druckmethode erfunden wird, die überhaupt ohne Buchstaben auskommt, so wird das in unserer Erfindung verkörperte Verfahren dasjenige sein, dem die Zukunft gehört, zumal es auch am billigsten und am besten ist.

Sie gaben das Geld, ich nur die Idee. Indem Sie mich in den Stand setzten, diese Erfindung erfolgreich durchzuführen, haben Sie sich und Ihr Vaterland geehrt. Denn jedermann wird wissen, dass diese Setzmaschine in dem gleichen Land erfunden wurde, welchem wir auch den Telegrafen, das Telefon, die Hoepresse und die Nähmaschine verdanken. Aber wenige werden den Namen des Erfinders kennen…"

Diese Befürchtung Ottmars war glücklicherweise unbegründet. Aber aus seinem Vaterland Deutschland kamen ganz sonderbare Verlautbarungen. Das „Journal der Buchdruckerkunst" in Leipzig berichtete im Herbst 1886 von einem großen Setzmaschinenschwindel, welcher in den USA getrieben werde:

„Die National Typographic Company hat ausfindig gemacht, dass die Maschine von Ottmar Mergenthaler zu Baltimore das längst gesuchte Nonplusultra ist; die extravagantesten Berechnungen gehen ihrer Leistung zur Seite. Man veranstaltete in Washington ein großartiges Diner, bei welchem eine der Maschinen arbeitend vorgeführt wurde, aber wahrscheinlich erst, als die Festgäste ohnehin schon disponiert waren, alles doppelt zu sehen. Die Gesellschaft will ihr Aktienkapital von einer Million jetzt auf zehn Millionen erhöhen.

Der unvermeindliche Krach wird dann ein nur umso lauter und nachhaltigerer werden, und denjenigen schneidigen Amerikanern, die dumm genug sind, auf so groben Schwindel hineinzufallen, geschieht jedenfalls nur recht. Eines bleibt dabei jedoch sehr bedauerlich, dass gerade die Buchdruckerei zum Felde der Schwindlertätigkeit auserlesen wurde und das Objekt eine Setzmaschine sein musste."

Die „Nationale Typografische Gesellschaft von West Virginia" war im Januar 1884 von den Männern gegründet worden, welche die Arbeiten Ottmars 1876 bis 1879 finanziert hatten und jetzt für die Kosten seiner neuen Versuche aufkamen. Sie hatte in Baltimore, Camdenstreet 201, eine Fabrik eingerichtet und deren Leitung an Ottmar übertragen, welcher ein angemesse-

Details der Stabsetzmaschine von 1924.

nes Gehalt erhielt. Eine weitere Vergütung stand ihm erst für den Fall zu, dass zum serienmäßigen Setzmaschinenbau geschritten werden konnte. Dann hätte

Ottmar 10% der Herstellungskosten jeder Maschine und 1000 Aktien der Gesellschaft zu beanspruchen.

Alle seine bisherigen und künftigen Verbesserungen und Erfindungen sollten der Gesellschaft gehören. Auf diese für ihn ungünstigen Vereinbarungen hatte sich Ottmar eingelassen, ja er hatte sie sogar befürwortet, weil er auf keinen Enderfolg dieser Maschine und auf die Rechtschaffenheit der Herren Clephane und Hine vertraute.

Diese Herren waren im Februar 1885, als die Setzmaschine in Washington so glänzend aus der Taufe gehoben wurde, der Ansicht gewesen, dass man zum gemeinsamen Nutzen der Gesellschaft und des Erfinders nun endlich mit dem Serienbau beginnen könne , nein - beginnen müsse.

5

Ottmar war allerdings nicht davon begeistert, dass die Maschine nun in Serie gehen sollte, denn er hatte schon wieder neue Pläne vorgelegt: Die Matrizenstäbe konnten nämlich nicht einheitlich mit den gleichen genauen Abmessungen hergestellt werden. Infolgedessen standen die eingeprägten Typen zu hoch oder zu tief und ergaben einen ungenauen Abguss. Ferner hatte der Setzer keinen Einblick in seine Arbeit. Etwaige Fehler konnte er nicht erkennen und korrigieren. Außerdem wollte Ottmar, dass die Setzweise der Maschinen sich dem bisherigen Handsatz möglichst angleichen müsse. Aus all diesen Gründen schlug er vor, einzelne Matrizen zu verwenden, also kleine Metallplatten, auf deren Stirnseiten die Typen eingraviert sind. Diese einzelnen Matrizen sollten durch die Tastatur aus ihren Behältnissen gelöst werden und vor den Augen des Setzers zu einer Zeile zusammengleiten.

Die Herren Clephane und Hine waren außerordentlich erstaunt und enttäuscht, als ihnen Ottmar diese neuen Pläne darlegte, welche einen vollständigen Umbau der bisherigen Setzmaschine erforderlich machten. Die Herren erwiderten ihm, sie seien doch keine Forschungsanstalt, sondern ein auf Gewinn orientiertes Unternehmen. Man erfindet eine Maschine doch nicht zu dem Zweck, um sie fortgesetzt zu verbessern. Auch der Ottmar wohlgesinnte Mr. Hine erklärte, nur wenige Aktionäre könnten ertragen, dass man ihnen sagt: „Ihr besitzt zwar die beste Maschine, aber ihr werdet noch eine bessere bekommen."

In der Geschichte aller Erfindungen hat es immer mal diesen Widerstreit zwischen dem Geldgeber und dem Erfinder gegeben. Aber Ottmar hatte schließlich gesiegt. Er konnte verhindern, dass die unfertige Maschine auf den Markt gebracht wurde; die Aktionäre ließen sich davon überzeugen, dass es falsch wäre, weitere Geldmittel zu verweigern, wenn dadurch die ganze zukünftige Entwicklung des Unternehmens auf dem Spiel steht.

Sofort hatte Ottmar mit Feuereifer begonnen, seine neuen Pläne durchzuführen, und schon im Sommer 1885 eine Maschine mit Einzelmatrizen fertiggestellt. Sie war eine ganz neue Maschine, weil sie in jedem, auch dem kleinsten Teile gegenüber der alten verbessert war: Die Einzelmatrizen wurden in senkrechten Kupferröhren aufgestapelt, lösten sich, wenn der Setzer die entsprechende Taste berührte und fielen dann auf eine kleine Schienenbahn herunter, von welcher sie durch ein Gebläse zu dem Sammelplatz gelangten. Während dieser ganzen Wanderung konnte jede einzelne Matrize gesehen und, soweit erforderlich, berichtigt werden.

Jede Zeile wurde dann durch Keile ausgerichtet und zu der Stelle befördert, wo das Ausgießen erfolgte. Das Gebläse war eine völlige Neuheit und wurde von den Fachleuten mit Erstaunen aufgenommen. Es gab dieser Setzmaschine den Namen Blower-Maschine.

Schon im Oktober 1885 wurde beschlossen, mit dem Serienbau zu beginnen und sofort 100 Maschinen herzustellen. Ottmar wehrte sich aber gegen diese

Überstürzung und beschränkte sich zunächst auf zwölf Maschinen, deren erste im Juli 1886 in der New Yorker Zeitung „Tribune" aufgestellt und erstmals zum Setzen einer Tageszeitung und eines Buches benutzt worden war. Bis Ende 1886 waren schon die zwölf Maschinen bei der „Tribune" im Betrieb. Sie hatten befriedigend gearbeitet, aber bei der starken Beanspruchung auch eine Reihe von Mängeln erkennen lassen, welche Ottmar beseitigen wollte. Er erhielt aber die Weisung, weitere 200 Maschinen, in unveränderter Ausführung herzustellen.

Mit unverhohlenem Widerwillen hatte sich Ottmar dieser Weisung gefügt und die Fabrik sowie die Arbeiterzahl fortgesetzt vergrößert, so dass bis Februar 1888 schon 50 Maschinen ausgeliefert wurden. Dann hatte er es aber abgelehnt, immer nur nach geldlichen Gesichtspunkten zu arbeiten und ist am 15. März. 1888 aus den Diensten der Gesellschaft ausgetreten.

6

Notgedrungen musste sich Ottmar nun wieder für Fremde mit dem Bau von Werkzeugmaschinen abgeben. Aber jede freie Minute hat er seiner Linotype gewidmet und bis Ende 1888 die Pläne zu ihrer weiteren Vervollkommnung ausgearbeitet. Durchführen konnte er jedoch diese Pläne nicht. Es fehlten ihm die erforderlichen Geldmittel. Als er sich um Darlehen bemühte, lachte man ihn aus und erinnerte ihn an seine große Schuldenlast von 25 000 Dollar. Schließlich haben sich alte Freunde seiner Notlage erbarmt, eine Sammlung veranstaltet und ihm durch Mr. Clephane die Spende von 2000 Dollar überreicht, durch welche Ottmar in die Lage versetzt wurde, im Jahr 1889, also im Alter von erst 35 Jahren, seine letzte und beste Setzmaschine zu bauen:

An Stelle der einzelnen nebeneinander liegenden Matrizenröhren enthielt sie ein stark geneigtes fast senkrecht stehendes Matrizenmagazin, das Gebläse

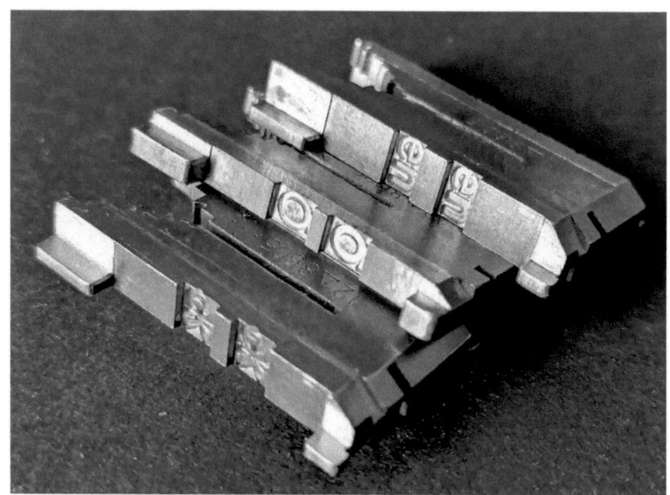

Drei Matrizen der Linotype, sog. Einhänger, mit den Gießformen für ö und den Ligaturen ck und en.

wurde durch einen neuen Sammler ersetzt. Schon bei ihrer ersten Erprobung hatte sich die Maschine als durchschlagender Erfolg erwiesen und ist ab 1890 serienmäßig hergestellt worden.

Nachdem die letzte Schwierigkeit, die Herstellung genauer und billiger Einzelmatrizen, überwunden war, arbeitete sie erheblich schneller und zuverlässiger als alle ihre Vorgängerinnen. Mit ihr konnte auch der Widerstand der Schriftsetzer gegen den „Eisernen

Kollegen" beseitigt werden, der ihnen evtl. ihren Arbeitsplatz wegnahm.

Unter dem Namen „Simplex Linotype" hatte sie einen reißenden Absatz gefunden und den Ruhm Ottmars in die ganze Welt hinaus getragen. Als Thomas Alva Edison, der bekanntermaßen selbst zu den genialsten Erfindern seiner Zeit gehörte, diese Maschine sah, hat er sie in heller Begeisterung das „achte Weltwunder" genannt.

Erfreulicherweise wurde nun auch in Deutschland die Bedeutung der Erfindung erkannt. Am 3. Oktober 1889 schrieb im „Leipziger Journal der Buchdruckerkunst" Otto Schlotke (ein späterer Mitarbeiter der Berliner Mergenthaler-Firma):

„Das, was so unwahrscheinlich geklungen hat, nämlich der Satz von Matrizen, ist gerade die genialste Idee der ganzen Maschine und die Lösung des Setzmaschinenproblems."

Ottmars Linotype Setzmaschine war nun für alle Druckereien ein unentbehrliches, nicht mehr wegzudenkendes Hilfsmittel geworden. Sie erst hatte

Schnelligkeit, Genauigkeit und Wirtschaftlichkeit im Buchdruck- und Zeitungsgewerbe ermöglicht.

Mochte er Laie oder Fachmann sein, niemand, der einen Setzmaschinensaal betrat, konnte sich dem Reiz dieser Wunderwerke entziehen. Diese übermannsgroßen Riesen entpuppten sich bei näherem Beschauen als fein und zierlich gestaltete Metallkörper. Oben befand sich das trapezförmige gelb blinkende Magazin, welches die Messingmatrizen enthielt; unten war die Tastatur angeordnet, links davon der Sammler, die Gießvorrichtung und der Zubringer für den Ablegemechanismus. Mit diesen Maschinen leistete ein Linotypesetzer drei zuvor getrennte Arbeitsvorgänge, nämlich das Setzen, das Gießen und das Ablegen der Schriftzeichen, genauer gesagt der Gießformen für diese..

Wir sahen den Setzer bei seiner Arbeit vor der Tastatur sitzen, welche für jeden Buchstaben und für jedes sonstige benötigte Zeichen eine Taste enthielt. Ein leichtes Berühren dieser Taste genügte, um aus dem Magazin die Matrizen, auf deren Stirnseiten die Schriftzeichen eingeprägt waren, eine um die andere zu lösen.

Die erste in Deutschland gebaute Linotype von 1899.

Diese fielen mit zartem, metallischen Klang durch ihre Kanäle auf ein laufendes Band und wurden in den

Sammler befördert, in welchem sich die Matrizen einreihten, bis in kürzester Zeit die Zeile voll war. Die nötigen Zwischenräume wurden durch konisch geformte in sich verschiebbare Stahlkeile ausgefüllt. Die Zeile wurde nun zur Gießvorrichtung emporgehoben und an das Gießrad angepresst. Dieses hatte eine schlitzartige Öffnung, aus welcher sich das, im elektrisch geheißten Schmelzkessel bereitgestellte, flüssige Blei durch die Bewegung eines Pumpenkolbens in die angepresste Matrizenzeile ergoss. Rasch war das Blei soweit erkaltet, dass sich die gegossene Zeile von den Matrizen ablöste, von den Messern an dem sich dre-

Der Sammler der Linotype.

henden Gießrad auf das genaue Maß beschnitten und ausgestoßen wurde.

Mit großer Schnelligkeit fügte sich so Zeile an Zeile, bis die ganze Setzarbeit vollendet war. Unterdessen wurde die Matrizenzeile von dem langen eisernen Zubringerarm erfasst, zur oberen Kante des Magazins emporgehoben und dem am Magazin befindlichen Ablegemechanismus zugeführt.

Jede einzelne Matrize enthielt eine genaue Zahnung, welche je einer Ausfräsung der Matrizenleitstange entsprach. Auf letzterer hingen die Matrizen mit den Zähnen und wurden so lange fortbewegt, bis die Zähne der Matrizen die ihr entsprechende Ausfräsung der Leitstange erreichten: An dieser Stelle verloren die Matrizen ihren Halt, lösten sich aus der Leitstange und fielen in die für sie bestimmten Kanäle, durch welche sie an ihren ursprünglichen Platz im Magazin geleitet und so mit einer unentrinnbaren Genauigkeit zu neuer Verwendung bereitgestellt wurden.

Wie das Blut die Adern im menschlichen Organismus dauernd durchkreist, so vollführten die Matrizen in der Setzmaschine aus dem Magazin durch die Kanäle hindurch einen ähnlichen, wunderbaren, dauernden Kreislauf.

Ein Linotypesetzer konnte auf diese Weise in einer Stunde mindestens 6000 Buchstaben setzen, gießen und ablegen: Dies war die tariflich vorgesehene Leistung, wenn ein gutes Manuskript vorhanden war. Geübte Setzer brachten es auf 7000 und mehr Buchstaben in einer Stunde. Vorher waren allein zum Setzen dieser Buchstabenmenge vier bis sechs Handsetzer nötig gewesen, ganz abgesehen von den weiteren Facharbeitern, welche das Herstellen und Ablegen dieser Buchstaben erfordert hatte.

Die Mergenthaler Linotype Company in Brooklyn, welche die Neue Welt beliefern sollte, hatte bis Ende 1892 schon 1000 Setzmaschinen aufgestellt. Bereits im Jahre 1890 konnte in London-Manchester die Firma Linotype & Machinery Ltd. mit einer Million Pfund Aktienkapital ins Leben gerufen werden. Diese große Fabrik hatte England und die englischen Kolonien zu versorgen. Bis zum Jahre 1895 waren in englischen

Druckereien schon 300 Maschinen im Betrieb. In Berlin war im Oktober 1896 die Firma Mergenthaler Setzmaschinenfabrik GmbH gegründet worden. Ihr Bezirk umfasste außer Deutschland die Niederlande, die Nordstaaten, Russland samt den Randstaaten und Polen sowie den Balkan.

Zur Leitung und Einrichtung der Fabrikation hatte Otthmar Mergenthaler noch selbst seine zwei früheren Mitarbeiter, die beiden deutschen Ingenieure Albrecht und Mühleisen eingesetzt. In diesen drei Fabriken ist die Ottmarsche Linotype weiterentwickelt und vervoll-kommnet worden. Wesentliche Abänderungen waren jedoch nicht notwendig, so gut war die Maschine schon vom Erfinder durchkonstruiert. Was hinzu kam, waren lediglich aufbauende Arbeiten, denn es galt, die Maschine für immer weitere Gebiete verwendbar zu machen. Die meisten der neuen Ergänzungen waren übrigens bereits von Ottmar in Erwägung gezogen worden; soweit hatte er schon selbst die Möglichkeiten seiner Linotype abgeschätzt. Die Berliner Fabrik hatte 1900 die Zweibuchstaben-Matrizen herausgebracht, bei denen sich zwei Bilder des gleichen Buchstabens auf einer Matrize befanden: die gewöhnliche Grundschrift und die Auszeichnung in halbfetter oder kursiver Form. Ihr folgte 1915 die Dreibuchstaben-Matrize, welche sich aber allgemein nicht durchsetzen konnte.

Die erste Linotype hatte nur ein Magazin; der Setzer hatte also nur eine Schrift zur Verfügung. Man begann bald, ein zusätzliches zweites Magazin zu montieren, um die Umstellung auf eine andere Schrift durch das Auswechseln der beiden Magazine zu erleichtern.

Die ersten Versuche, die Schriften aus zwei Magazinen beliebig mischen zu können und sie doch selbsttätig exakt in die beiden Magazine abzulegen, wurden noch unter Ottmars Leitung vorgenommen. Sie führten aber erst 1907 in Berlin zu einer brauchbaren Maschine, der Doppelmagazin Linotype. Deren Grundgedanken hatte dann 1914 die Viermagazin Linotype ergeben, welche infolge ihrer vielseitigen Verwendbarkeit die vollkommenste Maschine war.

In Württemberg hielt die erste Setzmaschine 1899, tragischerweise im Todesjahr Ottmar Mergenthalers,

48

ihren Einzug. Sie war im Landesgewerbemuseum Stuttgart ausgestellt und wurde vom Stuttgarter „Neuen Tagblatt" gekauft, welches dadurch vierzehn Setzmaschinen besaß. Insgesamt konnten in Stuttgart rund 120 und in ganz Württemberg über 300 Mergenthaler Maschinen gezählt werden.

1899 beim Tode Ottmars waren etwa 7000 Maschinen in Betrieb. 40 Jahre später waren in der ganzen Welt zehnmal mehr, nämlich über 70.000 verbreitet. Die Mergenthaler Maschine arbeitete in Hammerfest, der nördlichsten Stadt der Welt, ebenso sicher und gut, wie in der südlichsten Stadt Südafrikas. Auch auf zahlreichen Ozean-Dampfern und sogar auf Schiffen der Kriegsmarine war die Linotype im Einsatz.

Die Berliner Fabrik hatte die erste in Deutschland gebaute Linotype im Jahre 1899 fertiggestellt. 1903 hatte sie bereits 500, 1925 schon 8000 Maschinen geliefert. Bis Ende 1938 haben mehr als 4000 weitere Maschinen diese Fabrik verlassen. Die Gesamtzahl der in Berlin vor dem zweiten Weltkrieg hergestellten Maschinen beläuft sich sonach auf über 12.000.

Ottmar hatte also durch seine Erfindung auch für Deutschland, seinem Heimatland, eine bedeutende Industrie geschaffen, die auch bei der deutschen Ausfuhr eine erhebliche Rolle spielte. Die große volkswirtschaftliche Bedeutung dieser Industrie wird deutlich, wenn man bedenkt dass eine Maschine je nach Ausstattung im Durchschnitt 19.000 Reichsmark (ca. 68.400 €) kostete.

Die Tastatur der Linotype.

7

Im Alter von 27 Jahren hatte Ottmar am 11. September 1881 in Baltimore die sieben Jahre jüngere Emma Lachenmeier, ebenfalls ein Kind deutscher Einwanderer, geheiratet.. Es war eine sehr harmonische und glückliche Ehe. Aus ihr waren in den Jahren 1883 bis 1894 fünf Kinder hervorgegangen: Vier Söhne und eine Tochter. Der dritte, dem Vater nach Ottmar benannte Sohn, starb schon im zarten Alter von vier Jahren. Der zweite Sohn, Eugen, war 1919 im Alter von 34 Jahren ein Opfer der Grippe geworden. Der älteste Sohn Fritz hatte 1910 mit seiner jungen Ehefrau das Unglück, im Kraftwagen von einem Schnellzug überfahren zu werden. Beide fanden den Tod. Der jüngste Sohn Hermann lebte verheiratet in New York. Von ihm hatte Ottmar den einzigen Enkelsohn. Aber auch eine Enkelin hatte er - von seiner Tochter Pauline, welche mit einem Mr. Perkins verheiratet war.

In Baltimore war Ottmar in reger Verbindung mit seinen vielen dort ansässigen Landsleuten. Er hatte dem deutschen Turnverein angehört und war viele Jahre der Vorsitzende der Deutschen Liedertafel gewesen. Er war ein guter Gesellschafter und durchaus kein Spielverderber; auch hatte er eine angenehme Baritonstimme, mit der er gerne und oft deutsche Volkslieder vorsang.

Gepackt vom Heimweh hatte er 1892 mit seiner Familie seine Heimat und die Stätten seiner Jugend besucht und konnte hier seinem bejahrten Vater nochmals die Hände drücken. Seine Geschwister hatte er durch vielfache Zuwendungen finanziell unterstützt. Seinem ältesten Bruder Adolf, welcher zunächst Volksschullehrer war, hatte er das Universitätsstudium ermöglicht. Seinen jüngsten Halbbruder Friedrich hatte er nach Baltimor kommen und zum Maschinenbautechniker ausbilden lassen.

Im Herbst 1888 war Ottmar von einer schweren Rippenfellentzündung befallen worden Er schwebte wochenlang in Todesgefahr. Durch die aufopfernde

Pflege seiner ihm treu ergebenden Gattin ging es ihm zeitweilig wieder besser, aber sein Körper blieb geschwächt. Trotzdem hatte er sich nicht geschont und allzu emsig an der letzten Vervolkommnung seiner Setzmaschine weitergearbeitet, bis sich 1894 sein Gesundheitszustand sichtlich verschlimmerte. Die Ärzte, welche eine schwere Tuberkulose feststellten, hatten ihm den dringenden Rat gegeben, jede körperliche Arbeit einzustellen und aus der Fabrikstadt Baltimore wegzugehen.

Er begab sich zunächst in die blauen Berge von Maryland, und war dann im Juni 1896 nach Arizona gegangen, wo er sich in der Nähe von Prescott ein kleines Haus kaufte. Aber auch hier fand er keine Besserung, weshalb er in ein noch günstigeres Klima nach Deming in New Mexico übersiedelte. Hier fühlte er sich wohl und schrieb eine ausführliche Geschichte seines Lebens und seiner Erfindung, wofür er auch seine sämtlichen Unterlagen mitgenommen hatte.

Aber am 3. November 1897 wurde durch eine Feuersbrunst (durch einen Präriebrand) alles vernichtet.

Ottmars Ehefrau Emma hatte über dieses furchtbare Drama geschrieben: „Kaum konnten wir unser Leben retten, an etwas anderes war nicht zu denken. Wäre das Schreckliche in der Nacht passiert, es wäre keiner mit dem Leben davongekommen. In weniger als einer halben Stunde war unser herrliches Heim ein Aschenhaufen. Unser Verlust war und blieb unersetzlich. Ottmars prachtvolle Bibliothek, seine wertvollen Briefe und Papiere, ebenso unsere sämtliche Hauseinrichtung, welche sich wenigstens auf 15.000 Dollar belief, waren vernichtet. Eine Versicherung konnten wir darauf nicht bekommen, weil soweit in der Prärie, infolge Wassermangels nicht versichert wird. Wir mussten uns Kleider borgen. Die Kinder, welche oben im Haus in der Schule waren, wurden mit knapper Not durch ihren Lehrer, den wir von Baltimore hatten kommen lassen, gerettet.

Wir mieteten ein kleines Haus in der Nähe, das nur notdürftig möbliert war, wenigstens so lange, bis die Witterung es für Ottmar möglich machte, den Heimweg anzutreten. Wir verließen Deming am 7. April

1898 und langten am 14. Juni wieder in Baltimore an, Ottmar kränker als je."

Seitdem wurde Ottmar immer schwächer; jedoch gönnte er sich keine Ruhe. Auch in seiner Fabrik hatte er sich noch immer betätigt. Dahin ließ er sich fahren, weil er nicht mehr gehen konnte. Noch in seinen letzten Wochen hat er für seine Linotype an einer neuen Erfindung gearbeitet, diese aber nicht mehr fertigstellen können. Er war nur einen Tag bettlägerig und starb bei vollem Bewusstsein im Alter von nur 45 Jahren und fünf Monaten am Samstag, den 28. Oktober 1899.

Drei Tage später war er unter großer Anteilnahme seiner Freunde und Berufsgenossen im Loudon Parkfriedhof zu Baltimore bestattet worden.

Dem Erfinder waren schwere und bittere Enttäuschungen nicht erspart geblieben: Als Oktober 1885 der Serienbau der Blowermaschine begonnen wurde, hatten die Geldmittel der „The National Typographic Company of West Virginia" nicht ausgereicht. Es war daher von der Vereinigung der Zeitungsverleger eine neue Gesellschaft unter der Firma „The Mergenthaler

Printing Company" mit einem Grundkapital von einer Million Dollar und zunächst 25% Einzahlung gegründet worden: Sie hatte die Fabrikation zu finanzieren und durchzuführen und bekam dafür die Hälfte des Reingewinns; die andere Hälfte sollte der alten Gesellschaft gehören. Deren Aktionäre erhielten bei der neuen Gesellschaft ein Bezugsrecht in Höhe ihres momentanen Aktienbesitzes.

Ottmar hatte von der alten Gesellschaft vereinbarungsgemäß 1000 Aktien zu je 100 Dollar, gleich 100.000 Dollar, erhalten. Er musste also 25%, also 25.000 Dollar bezahlen, um sein Bezugsrecht, den Anteil an der Verwertung seiner eigenen Erfindung, nicht zu verlieren und um auch bei der neuen Gesellschaft den ihm gebührenden Einfluss zu gewinnen.

Aber sein ganzes Vermögen betrug damals nur 8.000 Dollar und war in seiner Fabrik sowie in seinem Wohnhaus festgelegt. Er schwebte daher in großer Gefahr, rechtlich und wirtschaftlich ausgeschaltet zu werden. Sein Gesuch, ihm die Bezahlung der 25.000 Dollar zu stunden, hatte die neue Gesellschaft unter

Hinweis auf das gesetzliche Verbot abgelehnt. Erst nach langem Bemühen ist es Ottmar gelungen, sich den benötigten Betrag darlehensweise unter äußerst drückenden Bedingungen zu verschaffen.

Die neue Gesellschaft hatte Ottmar auch durch ihre überstürzte, nur auf Gewinnorientierung ausgehende Fabrikation enttäuscht, so dass er, wie schon bemerkt, am 15. März 1888 aus ihren Diensten austrat.

Nun wollte man den Erfinder, dessen Schuldenlast bekannt war, auch ganz abschütteln. Man bestritt ihm die Sondervergütung, welche ihm von der alten Gesellschaft mit 10% der Herstellungskosten jeder verkauften Maschine im Betrag von je rund 120 Dollar zugesichert worden war. Die neue Gesellschaft behauptete, sie sei Ottmar gegenüber in keiner vertraglichen Bindung. Sie zahle ihm überhaupt nichts und lasse es auf einen Rechtsstreit ankommen. Als sich aber Ottmar nicht einschüchtern ließ, wurde gesagt: Die Sondervergütung sei viel zu hoch und für die Aktionäre nicht tragbar, welche bisher nur Opfer gebracht hätten und noch weitere schwere Opfer bringen müssten. Ottmar solle diese schlechte Lage der Aktionäre berücksichtigen und seine Erfindervergütung auf 50 Dollar je Maschine ermäßigen. Dadurch würde das Vertrauen zu ihm gestärkt und sein Einfluss in der Gesellschaft vergrößert. Diese mittelbaren Vorteile würden für ihn viel wertvoller sein, als das Geld, auf welches er verzichte. Ottmar ließ sich schließlich im Sommer 1888 betören und beging, wie er später erkannte, in einem schwachen Augenblick den schwersten Fehler seines Lebens. Denn schon im folgenden Jahr 1889 hatte sich die Hoffnung auf den Erfolg der Linotype glänzend erfüllt; allein die New Yorker Zeitung „Tribune" hatte mit ihren 30 Setzmaschinen an Arbeitslöhnen die fast unglaubliche Summe von 80.000 Dollar eingespart!

Das Unternehmen hatte sich rasch und kräftig entwickelt: In Brooklyn war eine große Setzmaschinenfabrik gebaut worden, und Ende 1891 konnte die „Mergenthaler Linotype Company of New Jersey" mit fünf Millionen Dollar Aktienkapital gegründet werden. Davon erhielten die Aktionäre der beiden bisherigen Gesellschaften drei Millionen; die weiteren zwei

Millionen wurden zur Vergrößerung des Betriebska-
pitals verwendet. Sicherlich wäre für die alten Aktionäre die weitere Vergütung von 70 Dollar von jeder
verkauften Maschine kaum fühlbar gewesen. Trotzdem
hatte Ottmar für seinen übereilten Verzicht keine Wie-
dergutmachung erhalten. Als dann aber die „Firma
Mergenthaler Linotype" im Oktober 1895 ihr Aktienkapital auf zehn Millionen Dollar verdoppelte, schrieb
sie an den Erfinder:

„Der lange Firmenname verursacht große Unan-
nehmlichkeiten. ‚Mergenthaler' wird fast immer von
Dritten falsch geschrieben, und auch für die Gesellschaft ist es eine erhebliche Mühe, diesen Namen Tag
für Tag 400 bis 500 mal zu schreiben; es ist daher am
besten, er bleibt weg und die Aktiengesellschaft nennt
sich einfach nur „Linotype Company"; natürlich soll
Mergenthalers Ansehen und Kredit dadurch nicht ge-
schmälert werden."

In gerechter Entrüstung und tiefbeleidigtem Erfin-
derstolz hatte Ottmar am 23. Oktober 1895 daraufhin
geantwortet:

„… einen Mann, welcher der Welt eine der wichtigsten Erfindungen des ganzen Zeitalters geschenkt hat, des Kredites zu berauben dadurch, dass man seinen Namen nicht mehr gebraucht, scheint mir ein unwürdiger Akt der Aktionäre zu sein, welche von meinen Mühen und Arbeiten so viel profitiert haben und das umso mehr, als dieser Akt gleichzeitig mit der Verdoppelung des Grundkapitals der Gesellschaft vorgenommen werden soll. …Die Gesellschaft hat meinen Namen getragen in den Jahren, da er mir mehr Lächerlichkeit als Ehre und mehr Verleumdung als Kredit eingebracht hat. Sie hat ihn auch später getragen und damit bewiesen, dass mein Name ihrem Erfolg nicht hinderlich ist. Ihn jetzt zu streichen, wird ein ernster, nicht verdienter Schlag und ein Makel für mich sein.“

Diese männlichen und kräftigen Worte hatten wohl bewirkt, dass die amerikanische Aktiengesellschaft von ihrem äußerst befremdlichen Vorhaben abließ. In ihrer Firma hatte der Name Mergenthaler seinen wohlverdienten Platz behalten und das Unternehmen hatte sich auch weiterhin glänzend entwickelt.

Ottmar war daher von dem gewöhnlichen Erfinderschicksal verschont geblieben. Er selbst hatte noch einen erheblichen Nutzen von seiner Erfindung gehabt, und konnte in seinen letzten Lebensjahren über große Geldmittel verfügen, so dass er sich keinen Wunsch zu versagen brauchte und auch seinen Angehörigen ein beträchtliches Vermögen hinterlassen konnte.

Ottmars Büste war 1920 in der New Yorker Ruhmeshalle an einem Ehrenplatz aufgestellt worden. In Baltimore wurde 1924 die „Ottmar-Mergenthaler-Schule für Buchdrucker" errichtet. In einem Fenster der dortigen Zionskirche wurde 1933 die Blowermaschine durch eine sehr gut gelungene Abbildung verewigt. Schon 1924 wurde im buchgewerblichen Ausstellungsraum des Deutschen Museums in München, wo auch die Linotypemaschine ausgestellt wurde, eine Bronze angebracht. Als das deutsche Auslandsinstitut in Stuttgart 1937 das Volksmuseum der Auslandsdeutschen errichtete, wurde Ottmars Bild im „Saal der deutschen Technik im Ausland" aufgestellt.

Bereits zu Lebzeiten war Ottmar von der Stadt Philadelphia durch Überreichung der John-Scott-Medaille geehrt worden, und das dortige Franklin-Institut hatte ihm die goldene Elliott-Cresson-Medaille, die höchste Auszeichnung dieses Instituts, verliehen.

Mit der Ausdauer und Zähigkeit, mit welcher Ottmar trotz aller zahlreichen und gesundheitlichen Probleme dem Ziele zustrebte, erwieß er sich als echter Schwabe. Gewissenhaftigkeit war es, wenn er trotz drückender Armut und schon lockender Dollargewinne die Setzmaschine erst in ihrer Vollendung der Öffentlichkeit übergeben wollte. Er war wie ein richtiger Künstler, der lieber darbte, als dass er sein Kunstwerk vorzeitig aus der Hand ggeben hätte.

Ottmar Mergenthaler war kein Fantast gewesen. Er war keiner Wahnidee, wie etwa der Erfindung des Perpetuum-Mobile nachgejagt: Die Mechanisierung des Handsatzes musste von Anfang an als eine mögliche und lösbare technische Aufgabe gelten. Das Ottmar einen gesunden Realismus besaß, bewieß seine

Rede in Washington und seine ganze Erfinderlaufbahn: Er prüfte genau die Wege seiner Vorgänger und ging sie teilweise selbst; nachdem er sie aber als Irrwege erkannt hatte, machte er sofort Halt. Auch brachte es fertig, seinen Erfinderdrang drei Jahre lang zu zügeln, bis die finanziellen Grundlagen für sein vorläufig ganz ertragloses Weiterarbeiten vorhanden waren.

Aber zu dem kräftig ausgebildeten Realitätssinn kam bei Ottmar die schöpferische Fantasie dazu, welche ihm offenbarte, „geheimnisvoll am lichten Tag Natur des Schleiers zu berauben" (Goethes „Faust"). Diese Fantasie hat ihn befähigt, mit seinen Hebeln, Schrauben und Rädern die Setzmaschine zu gestalten. Er wurde in einen wahren Taumel der Forschung hineingerissen, welcher die anderen mitriss. Er ging allein weiter, als die anderen die Etappe schon als Ziel ansahen. Er gab sich mit keiner Teillösung zufrieden und lehnte auch jedes Zugeständnis ab.

Sein innerer Drang, welcher vielleicht sogar schon an Besessenheit grenzte, kam erst zur Ruhe, als „seine"

Maschine in der von ihm gesehenen, harmonischen
und technischen Vollendung und mit handwerklicher
Gründlichkeit geschaffen war. Das allein ist auch der
Grund, warum diese Maschine auf der ganzen Welt
zum Einsatz kam, bis - ja, bis wieder einmal eine revo-
lutionäre Erfindung gemacht wurde ...

Details der Linotype

Epilog

Als am 12. Mai 1941 ein deutscher Wissenschaftler namens Konrad Zuse seinen ersten funktionstüchtigen, vollautomatischen, programmgesteuerten und frei programmierbaren Rechner und somit den ersten funktionsfähigen Computer vorstellte, ahnte noch niemand in Deutschland und auf der Welt, welche Folgen diese neue Erfindung u.a. für den Schriftsetzer, genauer gesagt, für das ganze Druckgewerbe einmal haben würde.

Im Gegenteil: Das Bundespatentgericht kam 1967 zu der endgültigen Entscheidung, dass dem Erfinder des Computers „mangels Erfindungshöhe" kein Patent erteilt werden könne.

Wie sagte Ottmar Mergenthaler in seiner Rede als er seine Setzmaschine vorstellte? (siehe Seite 30) „Wenn nicht eine Druckmethode erfunden wird, die überhaupt ohne Buchstaben auskommt, so wird das in unserer Erfindung verkörperte Verfahren dasjenige sein, dem die Zukunft gehört, zumal es auch am billigsten und am besten ist."

Und diese Druckmethode, die keine Buchstaben benötigte, kam ca. 100 Jahre nach Ottmar Mergenthalers Setzmaschine: Zuses Erfindung wurde von den Leuten, die die ungeahnten Möglichkeiten dieser Maschine, dieser Arbeitstechnik, erkannten, selbstverständlich weiterentwickelt.

43 Jahre vergingen nach Zuses Erfindung, als ein US-amerikanischer Unternehmer, Erfinder und Investor namens Steve Jobs 1984 seinen ersten Macintosh vorstellte. Es war der erste kommerziell erfolgreiche Computer mit einer grafischen Benutzeroberfläche (also Bildschirmsymbolen, sog. Icons, statt Kommandozeilen-Codes) und mit der Computermaus als Standardeingabemedium. Mit diesem neuen „Eisernen Kollegen" begann das „Desktop-Publishing" und damit der Untergang des Bleisatzes.

Die Frage ist nun: Was ist das für eine neue Technik, die Gutenbergs geniale Erfindung nach über 500

Der Macintosh SE/30 war ein Rechner der Firma Apple Computer. Er wurde Januar 1989 eingeführt und war bis Oktober 1991 im Programm.

Jahren ablöst, ja, vernichtet hat? Antwort: Es ist diese Druckmethode, die keine Buchstaben benötigt und der nun die Zukunft gehört, zumal sie am billigsten und am besten ist (Zitat Mergenthaler).

Nun wird sich so mancher sagen: „Ich habe doch Buchstaben, ich sehe sie auf meinem Bildschirm und nach dem Ausdruck auf dem Papier! Und schreiben auf der Tastatur muss ich auch." Ja, das ist natürlich richtig, aber bei dieser Technik werden die 26 Buchstaben des Alfabets und alles was gedruckt werden soll nochmals heruntergebrochen und in Punkte zerlegt, die sog. Dots oder Pixel. Ein Computerprogramm bestimmt nun, wie diese Pixel zusammengesetzt und auf dem Bildschirm sichtbar gemacht oder im Drucker gedruckt werden sollen. Ja, es ist so, dass diese Buchstaben gar nicht existieren, in keinem Setzkasten und in keiner Gießform. Sie entstehen erst, wenn ich durch Tastendruck dem Computer den Befehl gebe, diesen Buchstaben aus Pixeln zusammenzusetzen.

Diese Technik hat nicht nur das grafische Gewerbe revolutioniert sondern sogar die Welt verändert. So, wie ein Johannes Gensfleisch, genannt Gutenberg, vor über 500 Jahren.

Erste bekannte Darstellung einer Buchdruckerei, Holzschnitt 1499.

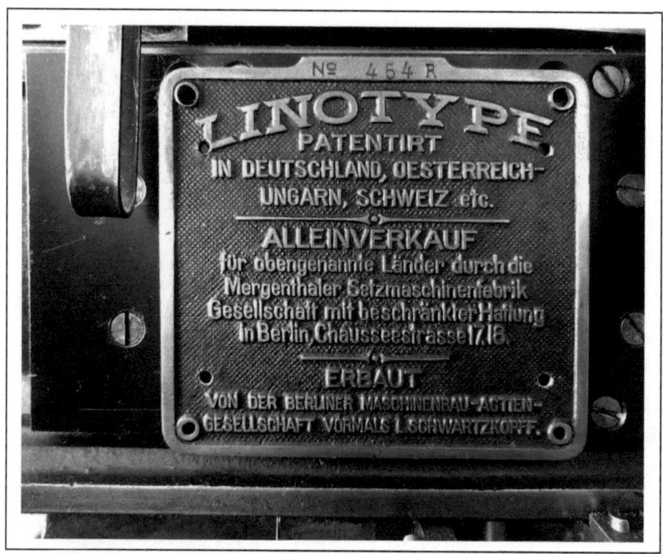

Typenschild an der Linotype Nr. 454 R von 1899

Bildquellen

Seite 6   *Ottmar Mergenthaler 1912, gemeinfrei*

Seite 21   *Koenigs Zylinderdruckmaschine („Doppelmaschine"), gemeinfrei*

Seite 29   *Stabsetz- und Gießmaschine von 1924, Museum für Druckkunst Leipzig; Foto: Dieter Seppelt*

Seite 33   *Details der Stabsetzmaschine von 1924; Museum für Druckkunst Leipzig; Foto: Dieter Seppelt*

Seite 40   *Drei Matrizen der Linotype, Foto: Dieter Seppelt*

Seite 43   *Die erste in Deutschland hergestellte Linotype von 1899; Museum für Druckkunst; Leipzig; Foto: Dieter Seppelt*

Seite 44   *Der Sammler der Linotype, Museum für Druckkunst Leipzig; Foto: Dieter Seppelt*

Seite 50   *Tastatur der Linotype: Museum für Druckkunst Leipzig; Foto: Dieter Seppelt*

Seite 64   *Details der Linotype; Museum für Druckkunst Leipzig; Foto: Dieter Seppelt*

Seite 67   *Der Macintosh SE/30 war ein Rechnermodell der Firma Apple Computer. Er wurde im Januar 1989 eingeführt und war bis Oktober 1991 im Programm. Museum für Druckkunst Leipzig; Foto: Dieter Seppelt*

Seite 69   *Erste bekannte Darstellung einer Buchdruckerei, Holzschnitt 1499, gemeinfrei*

Seite 70   *Typenschild an der Linotype Nr. 454 R von 1899, Museum für Druckkunst Leipzig; Foto: Dieter Seppelt*

Mein besonderer Dank gilt dem Museum für Druckkunst Leipzig, dass mir die in diesem Buch vorhandenen Fotos gestattete.